MANEJO COSTO-EFICIENTE DE ANTIVIRALES DE ACCIÓN DIRECTA EN HEPATITIS C

MANEJO COSTO-EFICIENTE DE ANTIVIRALES DE ACCIÓN DIRECTA EN HEPATITIS C

Fernando Manuel Jiménez Macías

Médico adjunto Aparato Digestivo

Complejo Hospitalario Universitario de Huelva
(España)

Lulu.com
2015

Título original: Manejo costo-eficiente de antivirales de acción directa en hepatitis C.

Copyright © 2015 by Fernando Manuel Jiménez Macías

All rights reserved. This book or any portion thereof may not be reproduced or used in any manner whatsoever without the express written permission of the publisher except for the use of brief quotations in a book review or scholarly journal.

First Printing: Diciembre 2015

ISBN: 978-1-326-63518-3

Lulu.com
Huelva, Andalucia, España (Spain)

ferjimenez2@gmail.com

Dedicatoria

A todos aquellos que me apoyaron
y me animaron a llegar a ser lo que soy.

A mi mujer, que me dio los dos hijos
tan lindos que tengo
y llenarme de ilusión cada día.

A mis queridos padres, a los que estaré eternamente
agradecido y les debo todo lo que hoy en día soy.

Contenido

Agradecimientos xi

Prefacio xv

Introducción 1

Capítulo 1: Costes aproximados fármacos anti-VHC en diciembre 2015 2

Capítulo 2: Tratamiento genotipo viral 1a 5

Capítulo 3: Tratamiento genotipo viral 1b 12

Capítulo 4: Tratamiento genotipo viral 2 19

Capítulo 5: Tratamiento genotipo viral 3 22

Capítulo 6: Tratamiento genotipo viral 4 30

Capítulo 7: Fracaso con antivirales de acción directa 35

Notas 36

Referencias bibliográficas 37

Agradecimientos

Muchas gracias al Dr. Ynfante y Dr. Bocanegra de Farmacia Hospitalaria. A mi jefe de unidad, Dr. Manuel Ramos Lora. A mis compañeros y amigos del Laboratorio de Biología Molecular, Luís Galisteo y Fátima Barrero, así como cada uno de los miembros de la Unidad de Gestión Clínica de Aparato Digestivo del Complejo Hospitalario de Huelva.

Prefacio

Gracias a la gran labor de concienciación desarrollada por la Asociación Española para el Estudio del Hígado (AEEH), para que la Administración sanitaria fuera consciente de la necesidad imperiosa de tomar medidas estratégicas frente a esta autentica epidemia como es la hepatitis crónica por virus C, como responsable en las próximas decadas de graves consecuencias sanitarias, personales y económicas (aumento de la incidencia de cancer hepático, cirrosis descompensada y necesidad de trasplante hepático), sin olvidar la lucha incansable por parte de las Asociaciones de afectados por la hepatitis C en España que reivindicaban ser tratados con las nuevas terapias antivirales, estos esfuerzos han tenido finalmente sus frutos con el desarrollo del Plan Estratégico Nacional aprobado en Febrero del 2015, que ha hecho posible que tanto enfermos como los facultativos dedicados a la Hepatología, como es mi caso, podamos disfrutar en España desde marzo del 2015 de las nuevas combinaciones antivirales de acción directa para la hepatitis crónica por VHC (Simeprevir, Sofosbuvir, Ledispavir, Combo 2D y 3D, etc), que dejaban atrás afortunadamente las combinaciones basadas en interferón, llenas de molestos y graves efectos secundarios, terapias muy largas y poco efectivas, especialmente en cirróticos.

Siendo consciente de que el coste de estas nuevas combinaciones antivirales son costosas y hay que gestionarlas de la mejor forma posible, he elaborado este presente documento para los hepatólogos interesados.

Dr. Fernando M. Jiménez Macías

Introducción

Siendo consciente de que actualmente disponemos para los diferentes genotipos virales, también diferentes combinaciones antivirales con distinta efectividad y coste, es fundamental estar al día sobre los diferentes estudios que vayan apareciendo, con el objeto de emplear en cada genotipo viral, la combinación más eficaz (con la mayor tasa de respuesta virológica sostenida, al menos de un 80%), con la menor tasa de efectos secundarios, y si es posible además, que sean los más económicos, permitiendo así una terapia personalizada a cada caso, respetando siempre que se pueda, los criterios de costo-eficiencia, sobre todo en una sanidad como la que disponemos en España, que es universal, gratuita y solidaria, como sistema sanitario ejemplar, que es actualmente admirado y reconocido por muchos otros países de nuestro entorno.

Nosotros como hepatólogos, somos los gestores de los recursos sanitarios, de forma que para que nuestro sistema sanitario sea económicamente sostenible, es fundamental, que estemos al día en nuestros conocimientos científicos, ser conscientes de los cambios que se van a ir produciendo progresivamente en los próximos años en hepatitis crónica por virus de la hepatitis C (VHC) y que seleccionemos de forma costo-eficiente la combinación terapeútica mejor para cada paciente. En algunos casos, no sera posible emplear la más costo-eficiente, por problemas de morbilidad de los pacientes o interacciones con los fármacos que previamente tomen, pero en general, debe intentarse.

Este es el cometido de esta obra, que intentará ayudarte como hepatólogo, para que eligas la combinación mejor, dependiendo del genotipo viral que tenga nuestro paciente, el grado de fibrosis hepática, si está descompensada su cirrosis o no, y si puede tolerar en algunos casos la ribavirina o no puede tomarla.

También empiezan a aparecer los primeros fracasos terapeúticos en pacientes tratados con combinaciones antivirales libres de interferón, de ahí que esta obra incluya una capítulo que versa sobre esta posibilidad, para que se eliga la combinación antiviral alternative más adecuada a cada caso.

Dr. Fernando M. Jiménez Macías

Manejo costo-eficiente de antivirales de acción directa en hepatitis C

Cómo preparar tu tesis doctoral. 2ª Parte

Capítulo 1: Costes aproximados de fármacos antivirales: análisis en diciembre 2015

COSTES APROXIMADOS FÁRMACOS ANTI-VHC DICIEMBRE 2015

IFNpeg + Ribavirina (PR) 24 S	2.862 €
SOFOSBUVIR 12 S	16.499 €
SOFOSBUVIR 24 S	32.998 €
DACLATASVIR 12 S	10.295 €
DACLATASVIR 24 S	20.590 €
SIMEPREVIR 12 S	9.900 €
SIMEPREVIR 24 S	19.800 €
HARVONI 8S	12.000 € (NAIVE, F0-F3, CVB< 6 MILL)
HARVONI 12 S	18.000 €
HARVONI 24 S	18.000 € (igual facturación que 12 semanas)
RIBAVIRINA	60 €
V.E.R. 12 S	16.309 € (CIRROSIS 1A: CRIT. FAVOR ABBVIE)
V.E.R. 24 S	16.309 € (igual facturación que 12 semanas)

Capítulo 2: Tratamiento genotipo viral 1a

GENOTIPO 1A NAIVE

GENOTIPO 1A, NO TRATADOS (NAIVE), SIN CIRROSIS.

La calculadora debería preguntar:

1ª PREGUNTA:

"¿ GRADO FIBROSIS, Q80K y ILE-28B?"

OPCIÓN 1

F0-F2 (Fibrosis < 9,5 KPa) + AUSENCIA Q80K + AUSENCIA ILE-28B TT + carga viral basal (CVB) $\geq$ 6 millones UI/ml:

SIMEPREVIR + IFN PEG + RIBA (12 semanas), seguidas IFNPEG + RIBA (otras 12 semanas más)

El clínico debe haber confirmado antes AUSENCIA Q80K y de ILE-28B-TT: si es así (fibrosis < 9,5 KPa, ausencia mutación Q80K y presencia de polimorfismo ILE-28B CC o CT), validaría tratamiento con biterapia + Simeprevir (**Quest-1 y 2**)$_{1,2}$.

Se trata de una triple terapia con Simeprevir y 3 meses adicionales solo con biterapia con interferón. A partir de enero 2015, Simeprevir ya cuesta (sin definir coste aún), pero siempre va a ser la opción más costo-eficiente (12.762€). Es un paciente naive que no conoce la experiencia con interferón y que es recomendable intentarlo.Hacer carga viral al mes y si no alcanza la RVR (si la viremia no fuese negativa al mes suspenderla y optar por otra libre IFN más potente).

OPCIÓN 2

F0-F2 (Fibrosis < 9,5 KPa) + AUSENCIA Q80K + AUSENCIA ILE-28B TT + carga viral basal (CVB) < 6 millones UI/ml:

HARVONI 8 semanas (ION-1$_3$: 12.000 € aprox).

OPCIÓN 3

F3 *(Fibrosis 9,5-12,5 KPa)*, *INTOLERA IFN, PRESENCIA Q80K y/o ILE-28B TT* + **CVB < 6 millones UI/ml:**

HARVONI 8 semanas *(ION-1_3: 12.000 € aprox).*

OPCIÓN 4

F3 *(Fibrosis 9,5-12,5 KPa)*, *INTOLERA IFN, PRESENCIA Q80K y/o ILE-28B TT* + **CVB ≥ 6 millones UI/ml:**

VIEKIRAK + EXVIERA + RIBAVIRINA *(12 semanas)*

95% SAPHIRE 1 y 95% PEARL-1_4: *(16.309 €), que es la que aparece en la calculadora correctamente.*

CIRROSIS COMPENSADA, GT 1A, NO TRATADOS (NAIVE):

En calculadora aparecen 2 opciones:

Opción 1:

Calculadora debería preguntar si el paciente **CUMPLE LOS 3 CRITERIOS FAVORABLES** *(AFP < 20 UI/ml, plaquetas ≤ 90.000 y Albúmina ≥ 3,5 g/dl).*

a) Si se cumplen los 3: combinación Abbvie más costo-eficiente (**V.E.R. 12 semanas; TURQUOISE 2 91%):16.309 €** ₅.
b) Si fallan alguno de los 3, calculadora debe especificar **V.E.R. 24 semanas; TURQUOISE 2 95%):16.309 €** *(pero duración doble para paciente).*

Opción 2:

En calculadora se da la opción **SIMEPREVIR + SOFOSBUVIR** *(12 semanas):* **COSMOS 93% (26.399 €)**₆. *Ahora que va a tenerse que facturar Simeprevir, no va a ser una combinación costo-eficiente en el momento actual en CIRROSIS.* **La guía americana exigen 24 semanas en**

cirróticos *naive y sobre todo pretratados, y además que no sea portador de la mutación Q80K. Habría que determinar esta mutación antes, y si fuese portador de ella, no elegir esta opción terapéutica.*

En la guía europea, también te recomienda que sean 24 semanas (52.798 €) y no 12 semanas, asociando incluso Ribavirina, aunque en la americana no obliga a emplear Ribavirina.

Por ello, si nos ajustamos a las guías si deseáramos emplear la combinación Simeprevir + Sofosbuvir, tendría que ser durante 24 semanas y no 12 como especifica en calculadora, obligaría además a determinar antes Q80K y su coste se duplicaría ahora que va a tenerse que facturar tanto sofos como Simeprevir.

Por ello, creo que **debería retirarse** *en este apartado y eliminarla, quedándonos solo con la opción 1, que siempre sería más costo-eficiente y de menor duración para el paciente.*

CIRROSIS DESCOMPENSADA, GT 1A, NO TRATADOS (NAIVE):

La mejor guía que encontré para pacientes descompensados fue la de la guía americana. En genotipo 1a y 1b. En calculadora debería incorporarse el ítem: **TOLERA RIBAVIRINA**.

Tendríamos, por tanto, 2 opciones:

<u>Opción 1:</u>" *TOLERA RIBAVIRINA*":

HARVONI + RIBAVIRINA 600 mg/día (12 semanas): Subir 200 mg/mes de Ribavirina según tolerancia.: **SOLAR 2** (RVS 87%) como estudio más representativo en pacientes descompensados [7].

Debe cambiarse, siguiendo guía americana, la duración a 12 semanas, en lugar de 24 semanas (coste igual; 18.000 €).

<u>Opción 2:</u> "*NO TOLERA RIBAVIRINA*":

Es muy importante en descompensados que tomen Ribavirina. En caso de no poderla emplear por antecedentes de anemias severas que obligaron a Epo o transfusión, el cambio obligará a un coste significativamente mayor: **SOFOSBUVIR + DACLATASVIR (24 semanas): 53.588 €**.

Pero dada la gravedad del paciente, tendría que ser asumido por el paciente y proponerlo lo antes posible para TOH.

GENOTIPO 1A PREVIAMENTE TRATADOS

GENOTIPO 1A, PREVIAMENTE TRATADOS, SIN CIRROSIS:

La calculadora debe incluir el ítem: **CVB < 6 millones UI/ml**. Tendríamos, por tanto, las 2 opciones siguientes:

Opción 1: **CVB < 6 millones UI/ml: HARVONI 8 Semanas** (ION-3; RVS 93%):12.000 €, más costo-eficiente que V.E.R 12 semanas (16.246 €). Debe pedírtelo la calculadora este ítem, para no obviarlo cuando se vaya a elegir la opción más costo-eficiente ₈.

Opción 2: **CVB ≥ 6 millones UI/ml**: la opción más costo-eficiente es la que especifica la calculadora (**V.E.R 12 semanas: SAPHIRE-II 96%**): 16.246 € ₉.

CIRROSIS COMPENSADA, GT 1A, PREVIAMENTE TRATADOS:

En calculadora aparecen 2 opciones:

Opción 1:

La calculadora debe pedirte si el paciente cumple los 3 criterios favorables en cirrótico para la terapia de Abbvie (**CRITERIOS FAVORABLES ABBVIE (TURQUOISE II)**: AFP < 20 UI/ml, albúmina ≥ 3,5 g/dl y plaquetas > 90000).

Así tendremos:

  a) **CRITERIOS FAVORABLES ABBVIE: V.E.R. 12 semanas** (TURQUOISE II; RVS 91%): 16.246 € (mismo coste, pero menor duración terapia para paciente).

  b) **AUSENCIA CRITERIOS FAVORABLES ABBVIE: V.E.R. 24 semanas** (TURQUOISE II; RVS 95%): 16.246 € (mismo coste, pero doble duración terapia).

Opción 2:

Ahora que se va a facturar el Simeprevir, la combinación Simeprevir + Sofosbuvir va a ser menos costo-eficiente.

Por ello, considero que esta opción terapéutica **debería ser suprimida** por su mayor coste, comparada con la opción 1 de Abbvie 12 o 24 semanas, (la más costo-eficiente), seguida de la de Harvoni + Ribavirina (12 semanas): estudio SIRIUS (RVS 96%), discretamente más costosa (18.068 €) [10].

CIRROSIS DESCOMPENSADA, GT 1A, PREVIAM. TRATADOS

En calculadora debería incorporarse el ítem *"TOLERA RIBAVIRINA"*. Tendríamos, por tanto, 2 opciones:

Opción 1: *"TOLERA RIBAVIRINA":*

HARVONI + RIBAVIRINA 600 mg/día (12 semanas): Subir 200 mg/mes de Ribavirina según tolerancia.: **SOLAR 2** (RVS 87%) como estudio más representativo en pacientes descompensados.

Debe cambiarse, siguiendo guía americana, la duración a 12 semanas, en lugar de 24 semanas (coste igual; 18.000 €). Debe intentarse esta opción, mucho más costo-eficiente que la opción 2.

Opción 2: **NO TOLERA RIBAVIRINA:**

Es muy importante en descompensados que tomen Ribavirina. En caso de no poderla emplear por antecedentes de anemias severas que obligaron a Epo o transfusión, el cambio obligará a un coste significativamente mayor: **SOFOSBUVIR + DACLASTAVIR (24 semanas): 53.588 €.**

Pero dada la gravedad del paciente, tendría que ser asumido por el paciente y proponerlo lo antes posible para TOH.

Capítulo 3: Tratamiento genotipo viral 1b

En la calculadora se optaba por la combinación Simeprevir + Daclatasvir (estudio League 1).

Considero que **deberíamos suprimir** esta combinación por las siguientes razones:

  a) Ser una combinación ausente tanto en la Guía Europea como Americana, por lo que debemos desterrarla.
  b) Hubo un periodo en 2015 que fueron terapias libre IFN a coste 0 €, pero ahora la realidad ha cambiado, y hay que facturar por ambas moléculas (Daclatasvir + Simeprevir 12 semanas: **20.195 €**), siendo una combinación más costosa que la de Abbvie o Gilead 12 semanas (< 20.000 €).
  c) Además al elegir un IP NS3/4a y inhibidor NS5a, en caso de fracaso virológico, podríamos tener resistencias combinadas a ambas moléculas y sería un problema serio, especialmente en pacientes cirróticos, donde ya he observado fracaso de esta combinación.

Considero que la calculadora nos debería realizar las siguientes preguntas:

1ª) **PREGUNTA:** ¿Es un paciente F3 y/o ILE-28B TT y/o ausencia RVR con Simeprevir?:

2ª) **PREGUNTA:** Si la respuesta es ""SI", la calculadora me preguntará: ¿Es la **CVB < 6 millones UI/ml** ?

Así tendremos 2 opciones, dependiendo de si la CVB es < 6 millones UI/ml o no:

  a) Si (CVB) es < 6 millones UI/ml + F3 y/o ILE-28B TT: **HARVONI 8 semanas** (ION-3: 12.000 € aprox). Este ítem debe incorporarlo calculadora.
  b) Si CVB ≥ 6 millones UI/ml + F3 y/o ILE-28B TT: **V.E.R. 12 semanas:** 95% SAPHIRE 1 y 95% PEARL-I: **16.309 €**, que es la combinación que aparece en la calculadora correctamente.

CIRROSIS COMPENSADA, GT 1B, NO TRATADOS (NAIVE)

En calculadora aparece 1 opción:

Opción 1: *VIEKIRAK + EXVIERA (12 semanas)*

Hay que quitar la Ribavirina de la combinación de Abbvie, basándonos en el estudio **TURQUOISE 3** *(RVS 100%):16.240 €*. Cambiar V.E.R. por V.E. en la calculadora.

El hecho de suprimir la Ribavirina es un hecho relevante en pacientes renales, donde esta combinación se podría emplear.

CIRROSIS DESCOMPENSADA, GT 1B, NO TRATADOS (NAIVE):

La mejor guía que encontré para pacientes descompensados fue la de la guía americana. Es aplicable tanto a genotipo 1a como 1b. En la calculadora debería incorporarse el ítem *"TOLERA RIBAVIRINA"*.

Tendríamos, por tanto, 2 opciones:

Opción 1: *"TOLERA RIBAVIRINA":*

HARVONI + RIBAVIRINA 600 mg/día (12 semanas):

Subir 200 mg/mes de Ribavirina según tolerancia. Estudio **SOLAR 2** (RVS 87%) como estudio más representativo en pacientes descompensados. Debería cambiarse, siguiendo guía americana, la duración a 12 semanas, en lugar de 24 semanas (coste igual; 18.000 €).

Opción 2: *"NO TOLERA RIBAVIRINA":*

Es muy importante en descompensados que tomen Ribavirina. En caso de no poderla emplear por antecedentes de anemias severas que obligaron a Epo o transfusión, el cambio obligará a un coste significativamente mayor: **SOFOSBUVIR + DACLATASVIR (24 semanas): 53.588 €.**

Pero dada la gravedad del paciente, tendría que ser asumido por el paciente y proponerlo lo antes posible para TOH.

Al tener coste ya Sofosbuvir + Simeprevir, sería una combinación poco costo-eficiente (52.798 €), pues en cirróticos, la duración recomendable es 24 semanas en lugar de 12 como viene en la calculadora.

En este subtipo ya no sería necesario determinar la mutación Q80K (sólo necesario en subtipo 1a). Además esta combinación no es adecuada en pacientes descompensados, pues el Simeprevir está contraindicado, según la guía americana en este tipo de pacientes, además de que una posible elevación de la bilirrubina como acontecimiento adverso 2º al Simeprevir, sería un factor desfavorable clave que no hacen recomendable esta combinación antiviral en pacientes descompensados.

Por ello, **debería ser suprimida** esta combinación en este apartado.

GENOTIPO 1B PREVIAMENTE TRATADOS

GENOTIPO 1B, PREVIAMENTE TRATADOS, SIN CIRROSIS:

En la calculadora aparecen 2 opciones:

Opción 1:

Ya lo comentábamos en un apartado previo. La combinación Daclatasvir + Simeprevir + Ribavirina **deberíamos suprimirla** de la calculadora, por varias razones:

a) Ahora va a tenerse que facturar por Simeprevir + Daclatasvir (20.260 €). Esta combinación sería más costosa que las combinaciones de Abbvie o Gilead.

b) Riesgo de mutaciones combinadas NS3/4A y NS5A en un mismo paciente, en caso de fracaso virológico, lo que va a dificultar la curación de un paciente, a priori, sin cirrosis, 1b, que sería fácil de curar, convirtiéndolo en un paciente más resistente a futuras terapias antivirales.

c) El estudio en que está basado (League 1), no aparece en ninguna de las guías internacionales (ni europea ni americana ni en el plan estratégico nacional), por lo que debemos en este momento desterrarla de la calculadora.

d) Hemos tenido ya fracaso de esta terapia antiviral, sobre todo en cirróticos.

Probablemente vaya a ser una combinación con futuro en pacientes renales no cirróticos ni descompensados. Es algo que tendrá que dilucidarse con el tiempo.

Opción 2:

Deberíamos suprimir la combinación que aparece en calculadora (Sofosbuvir + Simeprevir; estudio Optimist 1), ya que Simeprevir se va a empezar a facturar a partir 2016: combinación no costo-eficiente. Pasa el coste de ser 16.499 €, a incrementarse a 26.399 €$_{12}$.

F.M. Jiménez

La calculadora debería incorporar el ítem: *"CVB < 6 millones UI/ml"*.
Tendríamos así 2 opciones costo-eficientes:

a) Si ***CVB < 6 millones UI/ml: HARVONI 8 Semanas*** *(ION-3: RVS 93%):12.000 €*, más costo-eficiente que Sofosbuvir + Simeprevir *(26.399 €)*. La calculadora debería incluir este ítem, para no obviarlo.

b) Si ***CVB ≥ 6 millones UI/ml:*** la opción más costo-eficiente sería ***VIEKIRAK + EXVIERA 12 semanas: PEARL-II 100%***) $_{13}$: *16.246 €*.

CIRROSIS COMPENSADA, GT 1B, PREVIAMENTE TRATADOS:

En calculadora aparece 1 opción:

Opción 1: *VIEKIRAK + EXVIERA (12 semanas)*.

Hay que quitar la Ribavirina de la combinación de Abbvie, basándonos en el estudio ***TURQUOISE 3 (RVS 100%):16.240 €***.

Cambiar V.E.R. por V.E. en la calculadora. El hecho de suprimir la Ribavirina es un hecho relevante en pacientes renales, donde esta combinación se puede emplear.

CIRROSIS DESCOMPENSADA, GT 1B, PREVIAMENTE TRATADOS:

En calculadora debería incorporarse el ítem *"TOLERA RIBAVIRINA"*. Tendríamos, por tanto, 2 opciones:

Opción 1: *"TOLERA RIBAVIRINA":*

HARVONI + RIBAVIRINA 600 mg/día (12 semanas):

Subir 200 mg/mes de Ribavirina según tolerancia. Basado en el estudio **SOLAR 2** (RVS 87%), que es el más representativo en pacientes descompensados.

Debe cambiarse, siguiendo guía americana, la duración a 12 semanas, en lugar de 24 semanas (coste igual; 18.000 €). Debe intentarse esta opción, mucho más costo-eficiente que la opción 2.

Opción 2: *"NO TOLERA RIBAVIRINA":*

Es muy importante en descompensados que tomen Ribavirina. En caso de no poderla emplear por antecedentes de anemias severas que obligaron a Epo o transfusión, el cambio obligará a un coste significativamente mayor: **SOFOSBUVIR + DACLATASVIR (24 semanas): 53.588 €.**

Pero dada la gravedad del paciente, tendría que ser asumido por el paciente y proponerlo lo antes posible para TOH.

Capítulo 4: Tratamiento genotipo viral 2

GENOTIPO 2 NAIVE

GENOTIPO 2, NO TRATADOS (NAIVE), SIN CIRROSIS

En la calculadora se contempla sólo una opción, que avala el estudio FISSION (RVS 97%) $_{14}$: SOFOSBUVIR + RIBAVIRINA 1000-1200 mg/día (12 semanas), así como los estudios VALENCE (97%) $_{15}$ como POSITRON$_{16}$ (92%). Coste (16.562 €).

Es la opción más costo-eficiente, por lo que debería mantenerse en la calculadora.

CIRROSIS COMPENSADA, GT 2, NO TRATADOS (NAIVE):

En calculadora aparece 1 opción, que la avalan tanto el estudio VALENCE (RVS 100%, sólo 2 pacientes cirróticos) y sobre todo el estudio POSITRON (RVS 94%, con más pacientes cirróticos, 17). Resultados algo peores pero con tasa > 80% (RVS 83% en F4) se obtuvieron en el estudio FISSIÓN.

Aunque estos resultados se obtuvieron con una duración de sólo 12 semanas, en ambas guías (americana y europea) se recomienda, por ser pacientes cirróticos, prolongar esta biterapia durante 16 semanas.

*Por tanto, en este apartado sigue manteniendo su liderazgo la combinación **SOFOSBUVIR + RIBAVIRINA 1000-1200 mg/día (16 semanas)**, en lugar de 12 semanas como se especifica en la calculadora. Debería modificarse la duración.*

GENOTIPO 2 PREVIAMENTE TRATADOS

GENOTIPO 2, PREVIAMENTE TRATADOS, SIN CIRROSIS

En la calculadora aparece 1 opción, avalada por 2 estudios (VALENCE con RVS 93% y FUSION con RVS 90%): **SOFOSBUVIR + RIBAVIRINA 1000-1200 mg/día (12 semanas)**; coste 16.562 €. Es la opción más costo-eficiente.

CIRROSIS COMPENSADA, GT 2, PREVIAMENTE TRATADOS

En calculadora aparece 1 opción, que la avalaba el estudio VALENCE con tasas RVS de 88% (SOFOSBUVIR + RIBAVIRINA 16 semanas). Sin embargo, este estudio se hizo con una duración de 12 semanas.

Por ello, considero que esta combinación es la más costo-eficiente, pero los estudios que deberían avalarlo deberían ser los estudios $BOSON_{17}$ (RVS 87%) y $FUSION_{16}$ (RVS 78%), estudios en cirróticos G2, previamente tratados durante 16 semanas. El coste debería ser mayor que el que se refleja en la calculadora (22.082 €), en lugar de 16.562 €, que sería el correspondiente a sólo 12 semanas, en lugar de 16 semanas.

Capítulo 5: Tratamiento genotipo viral 3

En este genotipo me llama la atención que en la calculadora se contemplan 5 opciones terapéuticas, de las cuales 3 de ellas, la combinación elegida es la de **HARVONI + RIBAVIRINA (12 semanas; 18.008 €)**, basadas en el estudio **ELECTRON-2**$_{18}$, estudio que se realizó tanto en pacientes naive (n=51; sólo 8 pacientes F4) con tasas RVS 100% (26/26 pacientes), como pacientes previamente tratados (n=335; 22 pacientes F4) con tasas RVS en no cirróticos 89% (25/28) y en F4 de sólo 73% (16/22).

Sin embargo, esta combinación **no se contempla en ninguna de las guías** terapéuticas internacionales: ni en la guía europea, ni en la americana, aunque sí se hace mención en el Plan Estratégico Nacional.

Por ello, creo que no deberíamos contemplarla, salvo para pacientes naïve, donde se alcanzaron tasas 100%.

Somos conscientes que este genotipo viral es probablemente el más difícil de curar en términos relativos, incluso con terapias libres de interferón.

Por ello, es fundamental cumplir las guías terapéuticas nacionales e internacionales. De lo contrario, no nos ajustaremos a la evidencia científica sólida.

Destaco el **estudio BOSON** (n=593), la combinación **INTERFERÓN PEG + RIBAVIRINA + SOFOSBUVIR (12 semanas; 19.361€)** permitió alcanzar tasas RVS en no cirróticos naive (96%) y en cirróticos naive (91%: 21/23).

En previamente tratados, tasas RVS en no cirróticos (94%) y en cirróticos (86%: 20/35). Otro estudio avala esta combinación en previamente tratados (**LONESTAR-2)**$_{19}$: no cirróticos (83%; 10/12) y en cirróticos pretratados (83%; 10/12), éste último estudio con escasa n=47. Esta combinación se contempla en todas las guías terapéuticas y podríamos emplearla en pacientes naïve (sin experiencia previa a interferón sin cirrosis).

Considero que en este genotipo, las opciones terapéuticas son relativamente subóptimas comparativamente frente a otros genotipos y *debemos **optar por combinaciones terapéuticas contempladas en las guías** y que estén avaladas por estudios con un elevado tamaño muestral como es el BOSON, pese a que es más ligeramente costosa. En base a esto, propongo:*

GENOTIPO 3 NAIVE

GENOTIPO 3, NO TRATADOS (NAIVE), SIN CIRROSIS

La calculadora debería incorporar en este apartado, el ítem "TOLERA INTERFERÓN Y RIBAVIRINA". Así tendríamos las 2 opciones:

Opción 1: "*SÍ TOLERA IFN*":

PEG-IFN + RIBAVIRINA+SOFOSBUVIR (12 semanas): BOSON (96%).

Opción 2: "*NO TOLERA IFN*"

HARVONI + RIBAVIRINA (12semanas): ELECTRON-2 (100%).

CIRROSIS COMPENSADA, GT 3, NO TRATADOS (NAIVE)

En la calculadora se opta por la combinación Harvoni + Ribavirina, con buen criterio, pero sólo durante 12 semanas, en lugar de 24 semanas, como se recomienda en el cuadro terapéutico de la ficha del producto (página 3) y tal como se especifica en la página 5 de la ficha técnica de Harvoni: "<u>Se recomienda un tratamiento conservador de 24 semanas en todos los pacientes de genotipo 3 con tratamiento previo y en los pacientes de genotipo 3 sin ningún tratamiento previo y con cirrosis</u>"[20].

Si seguimos los resultados del estudio ELECTRON-2 en pacientes cirróticos naive G3, no seguiríamos las recomendaciones del la ficha técnica en este subgrupo más difícil de curar. Por ello, recomiendo en este colectivo que la calculadora proponga en lugar de 12 semanas, 24 semanas, aprovechando que nos van a facturar igual 12 que 24 semanas de Harvoni + Ribavirina (18.008 € en ambos casos).

HARVONI + RIBAVIRINA 24 semanas: ELECTRON-2 (100%).

GENOTIPO 3 PREVIAMENTE TRATADOS

GENOTIPO 3, PREVIAMENTE TRATADOS, SIN CIRROSIS

Este es un paciente que ya sabe lo que es recibir interferón pegilado, por lo que lo más probable es que no acepte una terapia basada en IFNpeg.

Sin embargo, si indicamos al paciente que con sólo un tratamiento de sólo 3 meses (3 meses menos que lo vivido en su anterior experiencia: 24 semanas con biterapia basada en IFNpeg), podríamos curarlo con **tasas de curación superiores al 90% (RVS 94% en estudio BOSON; 49/52 curados)**, con un coste claramente inferior (19.361€) al de la opción contemplada en la calculadora (SOFOSBUVIR + DACLATASVIR 12 semanas; coste 26.795 €).

En caso de que el paciente, durante el tratamiento previo intolerara el interferón o bien la Ribavirina (antecedente de anemia severa y precoz), la calculadora debería optar por terapias libre de interferón:

a) En caso de intolerancia a interferón: **Harvoni + Ribavirina 12 semanas** (al no ser cirrótico, donde se recomendarían según ficha técnica 24 semanas), avalado por el estudio ELECTRON-2: RVS en no cirróticos pretratados (89%; 25/28), que es una opción aceptable muy cercana al 90%, (sólo un 4% menos que la opción contemplada en la calculadora: Dacla+Sofo 12 s).

b) En caso de intolerancia a Ribavirina: siguiendo las directrices de las guías internacionales y Plan Estratégico Nacional, la calculadora reflejaría la mejor opción, aunque muy cara (**Daclatasvir + Sofosbuvir 12 semanas**): estudio ALLY-3_{2l}, con tasas RVS 94% (coste 26.795 €).

Partiendo de estas directrices, propongo que se incluya un nuevo ítem en este apartado: "INTOLERA IFN Y/O RIBA". Debe ofertarte 3 opciones la calculadora:

Opción 1: *"TOLERA IFN"*
IFNpeg + RIBA + SOFOSBUVIR (12 semanas): BOSON (94%): 19.361€

Opción 2: *"NO TOLERA INTERFERÓN"*
HARVONI + RIBAVIRINA (12 semanas): ELECTRON-2 (89%):18.008 €

Opción 3: *"NO TOLERA RIBAVIRINA"*
DACLATASVIR + SOFOSBUVIR (12 semanas): ALLY-3 (94%):26.795€

CIRROSIS COMPENSADA, GT3, PREVIAMENTE TRATADOS

En la calculadora, en este apartado se contempla una combinación basada en IFN en un paciente que es cirrótico compensado. Según el II Consenso Español sobre hepatitis C (Noviembre 2014, página 21): "En los pacientes con cirrosis hepática compensada clase A Child-Pugh y ausencia de hipertensión portal o citopenia grave, aunque podrían recibir terapia con interferón, no es aconsejable su uso".

Por ello, **deberíamos suprimir** la combinación contemplada en la calculadora siempre que sea posible (IFNpeg+Ribavirina+Sofosbuvir 12 semanas), ya que este paciente podría descompensarse durante el tratamiento antiviral, y debe primar ante todo la seguridad del paciente.

En base a esto, recomiendo que en este apartado, empleemos siempre terapias libre de interferón. Para la elección de la misma, la opción más costo-eficiente, siguiendo las directrices de la ficha técnica (página 5) en pacientes previamente tratados con genotipo 3 cirróticos (estudio ELECTRON-II en cirróticos pretratados con Harvoni + Ribavirina sólo 12 semanas con tasas RVS de tan sólo 73% (16/22), y asumiendo que nos van a facturar el mismo coste para esta terapia, independientemente que empleemos 12 o 24 semanas, sería **HARVONI + RIBAVIRINA 1000-1200 mg/día 24 semanas**, en caso de que se tratara de un paciente que tolerara bien la Ribavirina durante su anterior tratamiento (18.008 €, partiendo del hecho que el coste facturado es similar para 12 y 24 semanas). Es una combinación que no está contemplada en guías internacionales, como anteriormente se hizo mención.

Entre las combinaciones aceptadas en las guías americanas o europeas en cirróticos previamente tratados podemos encontrar **SOFOSBUVIR + DACLATASVIR + RIBAVIRINA durante 24 semanas** (siendo necesario emplear Ribavirina y 24 semanas, dado a que con sólo 12 semanas con Sofosbuvir + Daclatasvir + Ribavirina, las tasas de curación fueron de sólo 71% en cirróticos pretratados en estudio **ALLY-3**), lo que hacen recomendable una duración mayor de 12 semanas (24 semanas en ambas guías). Coste de esta combinación 53.650 € aprox.

Ante la posibilidad de que un paciente cirrótico pretratado intolere la Ribavirina por antecedente de anemia severa, podríamos emplear la combinación SOFOSBUVIR+DACLATASVIR durante 24 semanas (SIN RIBAVIRINA), tal como se puso de manifiesto en el **estudio AI444-237**[22] (Programa de uso compasivo Europeo abstrab 37 del Congreso Americano 2015, que incluyó a 42 pacientes cirróticos, de los cuales 28 pretratados alcanzaron la curación (RVS 82% con Sofosbuvir + Daclatasvir sin Ribavirina durante 24 semanas en intolerantes a Ribavirina): coste **53.710 €**.

Lógicamente es una combinación muy cara, pero se trata, sin duda actualmente, del colectivo de pacientes con hepatitis crónica VHC más difícil de curar de todos, y mientras no esté aprobada la prometedora combinación **Sofosbuvir + Velpatasvir sin Ribavirina** (RVS 90% en cirróticos G3 previamente tratados), es la combinación con la que contamos en este genotipo tan difícil de curar (estudio ASTRAL 3)[23].

En base a lo anterior, propongo que la calculadora incorpore el ítem "TOLERA RIBAVIRINA" en este apartado "Cirróticos G3 compensados previamente tratados".

Así tendríamos las siguientes opciones:

Opción 1: *"TOLERA RIBAVIRINA"*

HARVONI + RIBAVIRINA 1000-1200 mg/día (24 semanas): 18.008 €

Opción 2: *"INTOLERA RIBAVIRINA"*

SOFOSBUVIR + DACLATASVIR (24 semanas): estudio AI444-237: 53.710 €.

CIRROSIS DESCOMPENSADA, GT 3, PREVIA. TRATADOS

En la calculadora la combinación que se opta es Harvoni + Ribavirina durante 24 semanas. En la guía americana no se contempla en el apartado de cirrosis hepática descompensada genotipo 3, tal como se puede observar en la página web de dicha guía http://www.hcvguidelines.org/full-report/unique-patient-populations-patients-decompensated-cirrhosis.

La combinación que se contempla en pacientes que podrían ser potenciales candidatos a trasplante hepático, es Sofosbuvir + Ribavirina (48 semanas) o Sofosbuvir + Daclatasvir + Ribavirina 600-1200 mg/día durante 12 semanas), que serían las combinaciones adecuadas para pacientes tolerantes a Ribavirina, siendo la más costo-eficiente la 2ª con un coste de 26.795 €.

En caso de intolerancia a Ribavirina, sería la misma combinación sin ella. Destaco en pacientes cirróticos descompensados G3 los resultados del **estudio AI444-237** (Uso compasivo europeo), que empleó en 28 pacientes cirróticos G3 previamente tratados la combinación Sofosbuvir +

Daclatasvir sin Ribavirina durante 24 semanas, alcanzando unas tasas RVS 82% (23/28), siendo las tasas de curación en estadio B de Child-Pugh (80%) y en estadio C (75%), así con un MELD <10 puntos (100%), MELD >10 puntos (80%).

Recomiendo suprimir, por tanto, la combinación HARVONI + RIBAVIRINA 24 semanas en el apartado "cirrótico descompesado G3 previamente tratado", y sustituirla por SOFOSBUVIR + DACLATASVIR ± RIBAVIRINA, dependiendo de que el paciente tolere o no la Ribavirina.

En base a esto, recomiendo incluir en este apartado el ítem "TOLERA RIBAVIRINA", por lo que propongo las 2 siguientes opciones:

Opción 1: "TOLERA RIBAVIRINA":
DACLATASVIR + SOFOSBUVIR + RIBAVIRINA 600-1200 mg/día (incrementar 200 mg/mes si tolera) durante 12 semanas.

Opción 2: "INTOLERA RIBAVIRINA"
DACLATASVIR + SOFOSBUVIR (24 semanas): estudio AI444-237(RVS 82%).

Capítulo 6: Tratamiento genotipo viral 4

GENOTIPO 4 NAIVE

GENOTIPO 4, NO TRATADOS (NAIVE), SIN CIRROSIS

1ª PREGUNTA: "GRADO DE FIBROSIS":

La calculadora deberá ofertarnos 2 opciones:

a) **FIBROSIS < 9,5 KPa (F0-F2):**

La calculadora validará opción 1 basada en interferón:

SIMEPREVIR + IFNpeg + RIBA (12 semanas), seguido IFNpeg + RIBAVIRINA (12 semanas)

Avalada por el estudio **RESTORE$_{24}$; RVS 83%.**

Se trata de una triple terapia con Simeprevir y 3 meses adicionales solo con biterapia con interferón. A partir de enero 2015, Simeprevir ya cuesta (sin definir coste aún), pero siempre va a ser la opción más costo-eficiente **(12.762€)**.

Es un paciente naive que no conoce la experiencia con interferón y que es recomendable intentarlo. Hacer carga viral al mes y si no alcanza la RVR (si la viremia no fuese negativa al mes suspenderla y optar por otra libre IFN más potente).

b) **FIBROSIS F3 (9,5-12,5 KPa), INTOLERA IFN y/o AUSENCIA RVR CON SIMEPREVIR**

Opción 2 (libre IFN): **VIEKIRAK + RIBAVIRINA (12 semanas)**: estudio PEARL-1 (RVS 100%): coste **15.008 €**.

CIRROSIS COMPENSADA, GT 4, NO TRATADOS (NAIVE)

HARVONI (12 semanas)

La opción HARVONI durante 12 semanas que aparece en la calculadora es con diferencia la más costo-eficiente, basada en el estudio SYNERGY $_{25}$ con tasas de RVS del 95%.

Tiene la ventaja de que siendo un paciente cirrótico no tendremos que emplear Ribavirina en G4 cirróticos naive y previamente tratados, dato que lo avala la guía americana http://www.hcvguidelines.org/full-report/initial-treatment-hcv-infection.

Sin embargo, en la guía EASL$_{26}$ sí que recomiendan añadir a Harvoni, la Ribavirina en pacientes cirróticos naive y previamente tratados. El añadirla o no, va a depender que el paciente tolere o no Ribavirina, pudiendo prescindirse de ella en caso de ser intolerante.

CIRROSIS DESCOMPENSADA, GT 4, NO TRATADOS (NAIVE)

La mejor guía que encontré para pacientes descompensados fue la de la guía americana. En genotipo 4, en este apartado de la calculadora debería incorporarse el ítem *"TOLERA RIBAVIRINA"*. Tendríamos, por tanto, 2 opciones:

Opción 1: "TOLERA RIBAVIRINA":

HARVONI + RIBAVIRINA 600 mg/día (12 semanas):

Subir 200 mg/mes de Ribavirina según tolerancia, basada en estudio **SOLAR 2** (RVS 87%), como el más representativo en pacientes descompensados.

Debería cambiarse, siguiendo guía americana, la duración a 12 semanas, en lugar de 24 semanas (coste igual; 18.000 €).

*Opción 2: "**NO TOLERA RIBAVIRINA**":*

Es muy importante en descompensados que tomen Ribavirina. En caso de no poderla emplear por antecedentes de anemias severas que obligaron a Epo o transfusión, el cambio obligará a un coste significativamente mayor: **SOFOSBUVIR + DACLATASVIR (24 semanas): 53.588 €.**

GENOTIPO 4 PREVIAMENTE TRATADOS

GENOTIPO 4, PREVIAMENTE TRATADOS, SIN CIRROSIS

VIEKIRAK + RIBAVIRINA (12 semanas); estudio PEARL-1, RVS 100%. Coste 15.008 €.

Estos pacientes ya conocen lo que es un tratamiento basado en interferón durante 48 semanas, por lo que lo normal es que desee ser tratado con una terapia libre de interferón. La combinación más costo-eficiente es la que se refleja en la calculadora.

CIRROSIS COMPENSADA, GT 4, PREVIAMENTE TRATADOS

HARVONI (12 semanas)

La opción HARVONI durante 12 semanas que aparece en la calculadora es con diferencia la más costo-eficiente, basada en el estudio SYNERGY con tasas de RVS del 95%.

Tiene la ventaja de que siendo un paciente cirrótico no tendremos que emplear Ribavirina en G4 cirróticos naive y previamente tratados, dato que lo avala la guía americana http://www.hcvguidelines.org/full-report/retreatment-persons-whom-prior-therapy-has-failed.

Sin embargo, en la guía EASL sí que recomiendan añadir a Harvoni, la Ribavirina en pacientes cirróticos naive y previamente tratados. El añadirla o no, va a depender que el paciente tolere o no Ribavirina, pudiendo prescindirse de ella en caso de ser intolerante.

CIRROSIS DESCOMPENSADA, GT 4, PREVIAM. TRATADOS

En calculadora debería incorporarse el ítem "TOLERA RIBAVIRINA".

Tendríamos, por tanto, 2 opciones:

Opción 1: *"TOLERA RIBAVIRINA":*

HARVONI + RIBAVIRINA 600 mg/día (12 semanas):

Subir 200 mg/mes de Ribavirina según tolerancia. Basado en el estudio **SOLAR 2** (RVS 87%), el más representativo en pacientes descompensados.

Debería cambiarse, siguiendo guía americana, la duración a 12 semanas, en lugar de 24 semanas (coste igual; 18.000 €). Debe intentarse esta opción, mucho más costo-eficiente que la opción 2.

Opción 2: *"NO TOLERA RIBAVIRINA":*

Es muy importante en descompensados que tomen Ribavirina. En caso de no poderla emplear por antecedentes de anemias severas que obligaron a Epo o transfusión, el cambio obligará a un coste significativamente mayor: **SOFOSBUVIR + DACLATASVIR (24 semanas): 53.588 €.**

Pero dada la gravedad del paciente, tendría que ser asumido por el paciente y proponerlo lo antes posible para TOH.

Capítulo 7: Fracaso con antivirales acción directa

Dado que comenzamos a ver fracasos de tratamientos libres de interferón en GENOTIPO 1 es importante saber qué opciones terapéuticas tenemos que emplear.

Así considero que debería incorporarse a la calculadora, los ítems:

a) *"FRACASO A SOFOSBUVIR + SIMEPREVIR":*

Opción 1: "No cirrótico (F0-F3)":

HARVONI + RIBAVIRINA 1000-1200 mg/día (12 semanas).

Opción 2: Cirrosis (F4):

HARVONI + RIBAVIRINA 1000-1200 mg/día (24 semanas).

b) *"FRACASO A INHIBIDOR PROTEASA (TELAPREVIR/ BOCEPREVIR / SIMEPREVIR)":*

Opción 1: "No cirrótico (F0-F3)":

HARVONI durante 12 semanas (ION-2, RVS 94%).

Opción 2: Cirrosis (F4):

HARVONI + RIBAVIRINA 1000-1200 mg/día (12 semanas).

(Estudio SIRIUS; RVS 96%).

c) *"FRACASO CON INHIBIDORES NS5A":*

Los fracasos posibles serían 3:

1. *Sofosbuvir + **Daclatasvir** (NS5A).*
2. *Harvoni: Sofosbuvir + **Ledipasvir** (NS5A).*
3. *Viekirak (Paritaprevir + Ritonavir + **Ombitasvir** (NS5A).*

*Una vez confirmada **AUSENCIA de la mutación Q80K**, tratar con:*

SIMEPREVIR + SOFOSBUVIR+ RIBAVIRINA (24 semanas).

Notas

Referencia a la guía Americana de Hígado (actualizada periódicamente):

1. PACIENTES NAIVE

   http://www.hcvguidelines.org/full-report/initial-treatment-hcv-infection

2. PACIENTES PRETRATADOS.

   http://www.hcvguidelines.org/full-report/retreatment-persons-whom-prior-therapy-has-failed

3. PACIENTES DESCOMPENSADOS.

   http://www.hcvguidelines.org/full-report/unique-patient-populations-patients-decompensated-cirrhosis

Referencias bibliográficas

1. Jacobson I, Dore GJ, Foster GR, et al. Simeprevir (TMC435) with peginterferon/ribavirin for chronic HCV genotype-1 infection in treatment-naive patients: results from QUEST-1, a phase III trial. Program and abstracts of the 48th Annual Meeting of the European Association for the Study of the Liver; April 24-28, 2013; Amsterdam, The Netherlands. Abstract 1425.

2. Manns M, Marcellin P, Poordad F, et al. Simeprevir (TMC435) with peginterferon/ribavirin for treatment of chronic HCV genotype-1 infection in treatment-naive patients: results from QUEST-2, a phase III trial. Program and abstracts of the 48th Annual Meeting of the European Association for the Study of the Liver; April 24-28, 2013; Amsterdam, The Netherlands. Abstract 1413.

3. Afdhal N, Reddy KR, Nelson DR, et al. Ledipasvir and Sofosbuvir for previously treated HCV genotype 1 infection. N Engl J Med. 2014; [Epub ahead of print].

4. Poordad F, Lawitz E, Kowdley KV, et al. Interferon-free regimens of ABT-450/r, ABT-267, ABT-333 ± ribavirin achieve high SVR12 rates in patients with chronic HCV genotype 1b. Program and abstracts of the 2013 APASL Liver Week; June 6-10, 2013; Suntec City, Singapore. Abstract 613.

5. Poordad F, Hézode C, Trinh R, et al. TURQUOISE-II: SVR12 rates of 92-96% in 380 hepatitis C virus genotype 1-infected adults with compensated cirrhosis treated with ABT-450/R/ABT-267 and ABT-333 plus ribavirin (3D+RBV). Program and abstracts of the 49th Annual Meeting of the European Association for the Study of the Liver; April 9-13, 2014; London, United Kingdom. Abstract O163.

6. Lawitz E, Sulkowski MS, Ghalib R, et al. Simeprevir plus Sofosbuvir, with or without ribavirin, to treat chronic infection with hepatitis C virus genotype 1 in non-responders to pegylated interferon and ribavirin and treatment-naive patients: the COSMOS randomised study. Lancet. 2014; 384:1756-65.

7. Manns M, Forns X, Samuel D, et al. Ledipasvir/Sofosbuvir with ribavirin is safe and efficacious in decompensated and post-liver transplant patients with HCV infection: preliminary results of the SOLAR-2 trial. Program and abstracts of the 50th Annual Meeting of the European Association for the Study of the Liver; April 18-22, 2015; Vienna, Austria. Abstract G02.

8. Kowdley KV, Gordon SC, Reddy KR, et al. Ledipasvir and sofosbuvir for 8 or 12 weeks for chronic HCV without cirrhosis. N Engl J Med. 2014; 370:1879-88.

9. Zeuzem S, Jacobson IM, Baykai T, et al. Retreatment of HCV with ABT-450/r-Ombitasvir and dasabuvir with ribavirin. N Engl J Med. 2014; 370:1604-14.

10. Bourlière M, Bronowicki JP, de Ledinghen V, et al. Ledipasvir-Sofosbuvir with or without ribavirin to treat patients with HCV genotype 1 infection and cirrhosis non-responsive to previous protease-inhibitor therapy: a randomised, double-blind, phase 2 trial (SIRIUS). Lancet Infect Dis. 2015; 15:397-404.

11. Feld JJ, Moreno C, Trinh R, et al. Sustained virologic response of 100% in HCV genotype 1b patients with cirrhosis receiving Ombitasvir/Paritaprevir/r and dasabuvir for 12weeks. J Hepatol. 2015 Oct 22. pii: S0168-8278(15)00676-5.

12. Kwo P, Gitlin N, Nghass R, et al. A phase 3, randomised, open-label study to evaluate the efficacy and safety of 12 weeks and 8 weeks of Simeprevir (SMV) plus Sofosbuvir (SOF) in treatment-naive and experienced patients with chronic HCV genotype 1 infection without cirrhosis: OPTIMIST-1. 50th Annual Meeting of the European Association for the Study of the Liver. 2015; Abstract LB14.

13. Andreone P, Colombo MG, Enejosa JV, et al. ABT-450, Ritonavir, Ombitasvir, and dasabuvir achieves 97% and 100% sustained virologic response with or without ribavirin in treatment-experienced patients with HCV genotype 1b infection. Gastroenterology. 2014;147:359-6.5.

14. Lawitz E, Mangia A, Wyles D, et al. Sofosbuvir for previously untreated chronic hepatitis C infection. N Engl J Med. 2013; 368:1878-87.

15. Zeuzem S, Dusheiko GM, Salupere R, et al. Sofosbuvir and ribavirin in HCV genotypes 2 and 3. N Engl J Med. 2014; 370:1993-2001.

16. Jacobson IM, Gordon SC, Kowdley KV, et al. Sofosbuvir for hepatitis C genotype 2 or 3 in patients without treatment options. N Engl J Med. 2013; 368:1867-77.

17. Foster GR, Pianko S, Cooper C, et al. Sofosbuvir plus peg-IFN/RBV for 12 weeks vs Sofosbuvir/RBV for 16 or 24 weeks in genotype 3 HCV-infected patients and treatment-experienced cirrhotic patients with genotype 2 HCV: the BOSON Study. Program and abstracts of the 50th Annual Meeting of the European Association for the Study of the Liver; April 22-26, 2015; Vienna, Austria. Abstract LO5.

18. Gane EJ, Hyland RH, An D, et al. Sofosbuvir/Ledipasvir fixed dose combination is safe and effective in difficult-to-treat populations including genotype-3 patients, decompensated genotype-1 patients, and genotype-1 patients with prior Sofosbuvir treatment experience. Program and abstracts of the 49th Annual Meeting of the European Association for the Study of the Liver; April 9-13, 2014; London, England. Abstract 06.

19. Lawitz E, Poordad F, Brainard DM, et al. Sofosbuvir in combination with pegIFN and ribavirin for 12 weeks provides high SVR rates in HCV-infected genotype 2 or 3 treatment experienced patients with and without compensated cirrhosis: results from the LONESTAR-2 study. Program and abstracts of the 64th Annual Meeting of the American Association for the Study of Liver Diseases; November 1-5, 2013; Washington, DC. LB4.

20. http://www.ema.europa.eu/docs/es_ES/document_library/EPAR_-_Product_Information/human/003850/WC500177095.pdf

21. Nelson DR, Cooper JN, Lalezari JP, et al. All-oral 12-week treatment with Daclatasvir plus Sofosbuvir in patients with hepatitis C virus genotype 3 infection: ALLY-3 phase III study. Hepatology. 2015; 61:1127-35.

22. Welzel TM, Petersen J, Ferenci R, et al. Safety and efficacy of Daclatasvir plus Sofosbuvir with or without ribavirin for the treatment of chronic HCV genotype 3 infection: interim results of a multicenter European compassionate use program. Program and abstracts of the 2015 Annual Meeting of the American Association for the Study of Liver Diseases; November 13-17, 2015; San Francisco, California. Abstract 37.

23. Foster GR, Afdhal N, Roberts SK, et al. Sofosbuvir and Velpatasvir for HCV Genotype 2 and 3 Infection. N Engl J Med. 2015 Nov 17. [Epub ahead of print]

24. Moreno C, Hezode C, Marcellin P, et al. Efficacy and safety of Simeprevir with PegIFN/ribavirin in naïve or experienced patients infected with chronic HCV genotype 4. J Hepatol. 2015 May. 62(5):1047-55

25. Kohli A, Kapoor R, Sims Z, et al. Ledipasvir and Sofosbuvir for hepatitis C genotype 4: a proof-of-concept, single-centre, open-label phase 2a cohort study. Lancet Infect Dis. 2015; 15:1049-54

26. http://www.easl.eu/medias/cpg/HEPC-2015/Full-report.pdf

www.ingramcontent.com/pod-product-compliance
Lightning Source LLC
Chambersburg PA
CBHW072251170526
45158CB00003BA/1050